AF234410

Contribution à la Physiologie préhistorique :
De l'usage de la main droite
dans les temps préhistoriques et de son influence
sur le développement du cerveau.

PAR

Le Dr JOUSSET DE BELLESME (Nogent-le-Rotrou).

Il est peu de questions, dans une science aussi conjecturale que l'Archéologie préhistorique, qui n'aient fourni matière à de nombreuses controverses. D'ailleurs les faits gagnent en clarté à être ainsi tournés, retournés, et exposés à la lumière des interprétations les plus variées.

On me pardonnera donc de remettre sur le tapis cette question souvent discutée, mais jamais complètement élucidée, de savoir si les instruments de silex, que l'homme façonnait et employait dans les âges primitifs, étaient adaptés de préférence pour être utilisés de la *main droite*.

Un intérêt de curiosité, plus ou moins banal, n'est pas seulement en jeu dans cette recherche; la solution de ce problème touche à de hautes questions physiologiques. Elle peut élucider l'apparition d'une conformation particulière, que présente l'encéphale de l'homme civilisé du xxe siècle, et dont nous sommes obligés de rechercher l'origine dans des âges très reculés, car il est évident que, pour amener un défaut de symétrie dans un organe aussi important que le cerveau, le dernier venu dans la série de notre évolution organique, il a été nécessaire qu'une action fréquemment répétée se soit produite durant une longue série de siècles.

Il est utile de rappeler brièvement comment s'est développée l'idée très ancienne des localisations cérébrales.

Hippocrate et Galien avaient déjà été frappés de ce fait que les lésions du cerveau, qui n'entraînent pas immédiatement la mort, laissent à leur suite l'impossibilité de se servir de tel ou tel organe, de telle sorte que la fonction de ces organes semble détruite, en même temps que certaines parties de la substance cérébrale. Ils avaient déjà établi un rapport entre ces deux choses.

Il est permis de se demander si même cette observation ne remonte pas beaucoup plus haut, en présence des cas très curieux de trépanation sur des crânes préhistoriques, étudiés par le Dr Prunières, et par d'autres.

Ce n'est que beaucoup plus tard que prit corps la théorie des localisations cérébrales ; il faut arriver à la fin du XVIIIe siècle pour voir un médecin, Gall, imaginer tout un système, édifié avec plus d'ingéniosité que de solidité.

Le bruit, fait autour de la doctrine de Gall et de son continuateur Lavater, attira sur ce point l'attention des médecins ; et, vers 1825, Bouillaud publiait des recherches cliniques sur les lésions des lobes antérieurs du cerveau, et signalait, comme phénomène pathologique accompagnant constamment ces lésions, les perturbations du langage, et même la perte complète de la parole, à laquelle il appliqua le mot d'Aphasie.

Dix ans plus tard, Dax (de Montpellier) fit faire un pas de plus à la question, en faisant ressortir cette particularité pleine d'intérêt que, seules, les lésions de l'hémisphère gauche produisent la perte de la parole. L'assertion de Dax ne fut pas trouvée entièrement exacte, car bientôt surgirent des observations, très authentiques, démontrant que, dans certains cas, l'aphasie coïncidait avec des lésions de l'hémisphère droit. De toutes parts, l'attention était attirée sur ces faits, si dignes d'intérêt ; les observations se multipliaient ; et Broca, qui en recueillait un grand nombre et le premier avait établi qu'il existait des cas d'aphasie aves des lésions de l'hémisphère droit, procédant à un examen plus attentif que ses devanciers, établit, dans une série de travaux qui firent époque dans la science, qu'une partie spéciale du lobe frontal, qu'il délimita soigneusement sous le nom de pli sourcilier ou troisième circonvolution frontale, était toujours atteinte dans les cas d'aphasie.

En même temps, avec une incomparable sagacité, il montra que la loi de Dax était réelle, que c'était habituellement avec les lésions de l'hémisphère gauche que l'aphasie coïncidait, et fit cette remarque curieuse, que, chez les gauchers seulement, la perte de la parole reconnaissait pour cause la destruction du pli sourcilier droit.

C'est à cette époque qu'Hitzig et Ferrier, recourant à l'expérimentation physiologique, firent l'importante découverte de la présence de centres moteurs dans le cerveau et établirent ainsi un rapport entre les actions motrices des membres supérieurs et le centre du langage articulé.

Tous ces travaux établissaient qu'il existe une relation très intime entre l'usage habituel du membre droit et le siège du centre du langage. Ce ne fut pas sans étonnement que Broca et ses successeurs s'assurèrent qu'invariablement, lorsqu'on rencontre une lésion du pli sourcilier droit accompagnée d'aphasie, on a affaire à un *gaucher*.

Nous sommes accoutumés à regarder le cerveau comme un organe dont les parties sont symétriques. Cette symétrie se constate d'ailleurs dans les centres moteurs; ainsi, le centre moteur gauche commande le bras droit et le centre moteur droit le bras gauche. Il y a donc pour les bras deux centres moteurs. Si, d'après ce que nous venons de dire, il n'y a pour le langage articulé qu'un seul centre, tantôt à droite, tantôt à gauche, la raison en est simple; le larynx est un organe unique : il n'y a point de larynx droit ni de larynx gauche, comme il y a un bras droit et un bras gauche. Il est donc assez naturel qu'il n'y ait pour cet organe qu'un seul centre. Comme les parties de l'encéphale sont symétriques, il y a en réalité deux centres; mais l'un reste inactif pendant que l'autre se développe, et c'est l'usage habituel de l'un des membres supérieurs qui détermine le développement de ce centre tantôt à droite le plus souvent, tantôt à gauche.

L'existence de deux centres articulés du langage ne saurait être mise en doute, car, chez un droitier devenu aphasique, le pli sourcilier gauche détruit ne se restaure pas, et néanmoins l'aphasie disparaît au bout d'un certain temps. On ne peut donc se refuser à penser que, dans ce cas, le pli sourcilier droit, qui reste seul, est sorti de son inaction pour prendre à sa charge les fonctions de celui qui fait défaut, fait corroboré d'ailleurs par la lenteur avec laquelle la faculté de parler reparaît : ce qui indique qu'une éducation nouvelle se fait.

Il paraît donc démontré que nous avons en réalité deux centres du langage articulé, mais que nous ne nous servons que d'un seul; et, fait bien digne de remarque, c'est la prédominance d'action d'un de nos bras qui fixe inconsciemment le développement de ce centre, soit à gauche, soit à droite.

D'où provient que c'est habituellement le centre gauche qui se développe : évidemment, cela provient de l'hérédité.

C'est à un savant du plus grand mérite, mort trop jeune, à Gratiolet, que nous devons l'explication de ce fait. Se livrant à des recherches sur le développement des organes et principalement de l'encéphale, Gratiolet constata que, chez l'embryon humain, il existe une différence notable entre le développement des deux moitiés de cet organe, le côté gauche se trouvant au moment de la naissance beaucoup plus développé que le droit.

L'enfant vient donc au monde avec une prédisposition à être *droitier*, prédisposition que fortifie l'éducation. Au moment où il apprend à parler, l'usage de sa main droite est déjà établi, et active le développement du pli sourcilier gauche déjà prédominant. C'est donc à ce dernier que l'enfant a recours tout d'abord, dans le difficile apprentissage de la parole.

L'habitude persiste; et l'hémisphère gauche devient définitivement le siège du langage articulé.

La supposition la plus rationnelle que l'on puisse faire pour expliquer la prépondérance du développement des lobes frontaux gauches est qu'elle reconnaît pour cause un phénomène d'atavisme.

L'usage prépondérant de la main droite remonte certainement à une très haute antiquité; et nous pensons qu'il n'est pas téméraire d'en rechercher les traces jusque dans les temps préhistoriques.

Déjà, dans l'antiquité historique, nous constatons que certains rites religieux doivent être accomplis avec la main droite. Ces prescriptions existent également dans le Boudhisme et chez les Musulmans, où la main gauche est considérée comme *impure*. Cela peut tenir à ce qu'elle est affectée aux usages de nettoyage qui suivent l'acte de la défécation.

Les Orientaux lui attachent également une signification malveillante. C'est ainsi que, lorsqu'ils impriment leur main, dont la paume a été préalablement teinte en rouge avec de l'ocre, ou en noir, sur le mur ou sur la porte de leur ennemi, c'est toujours la *main gauche* qui figure.

Aussi loin que l'on peut remonter dans l'acte de l'écriture, nous la voyons toujours et chez tous les peuples pratiquée avec la main droite.

Il en est de même pour l'usage des armes; et les bas-reliefs assyriens, qui nous représentent les rois de ce pays chassant le lion, les figurent tenant leur arme de la main droite. On constate la même disposition dans le guerrier du beau tombeau d'Alexandre, qui court un javelot à la main au-devant d'un lion.

Dans les représentations des Hypogées égyptiens, les personnages, qui tiennent des emblèmes sacrés ou de commandement, les portent de la main droite.

On doit donc supposer que cette habitude datait des époques préhistoriques, puisque au début de l'histoire elle était déjà si profondément assise dans les usages de la vie. C'est pour cela qu'il est intéressant d'examiner, à ce point de vue, les instruments de cette époque.

Je crois que la majeure partie des Anthropologistes préhistoriens s'accordent à reconnaître que, dans le plus grand nombre des cas, ces instruments sont adaptés pour la main droite.

M. Cartailhac, dans son ouvrage *La France préhistorique,* opine dans ce sens en plusieurs endroits.

Dans le bel ouvrage de M. de Mortillet, *Le Musée Préhistorique,* on peut relever deux figures représentant une main qui tient un silex taillé Acheuléen ; ce sont toutes deux des mains droites.

Lorsque j'ai visité les très importantes collections préhistoriques de M. Rutot, à Bruxelles, au fur et à mesure qu'il me montrait ses superbes instruments, j'observais, sans rien dire, pour ne pas l'influencer, la manière dont il les maniait, et, à de très rares exceptions près, il les saisissait de la main droite ; et, en effet, ils s'adaptaient très bien à cette main.

Beaucoup de silex, il est vrai, peuvent être maniés indifféremment des deux mains ; ce sont ceux dont la forme assez symétrique n'offre aucune particularité de surface. Ce n'est pas dans ceux-là qu'il faut chercher la solution du problème qui nous occupe ; il faut la demander aux instruments qui exigent pour leur maniement une adresse et une précision particulières.

Les coups de poing, à cet égard, ont peu de signification, à moins qu'ils ne présentent des retouches spéciales d'adaptation.

Ils peuvent servir indifféremment à droite et à gauche.

Les grattoirs et les racloirs, surtout les racloirs avec retouches latérales, nous donnent de meilleurs renseignements ; mais l'outil par excellence sur lequel cette recherche me semble devoir être faite avec profit, c'est le *percuteur* ! Il exige à la fois de la force, de l'adresse, et l'usage de l'œil. La plupart portent des retouches ; mais elles ne sont pas toujours intentionnelles ; c'est ainsi que, lorsque le percuteur provient d'un nucléus dont l'extrémité a été utilisée, les facettes latérales ne constituent pas de véritables retouches ; elles représentent l'emplacement des lames precédemment enlevées.

Cela peut, dans certains cas, faire illusion. C'est ainsi que, dans le percuteur que je vous présente, il existe cinq facettes latérales, qui correspondent exactement aux cinq doigts de la main droite ; mais, lorsqu'on vient à y adapter les doigts, on s'aperçoit que la partie percutante n'est pas placée comme il conviendrait pour un bon travail.

Cette partie percutante doit être examinée avec soin, car l'observation du sens et de la direction des craquelures peut nous indiquer avec certitude dans quelle position se trouvait l'outil, quand on s'en est servi.

En effet, lorsqu'on frappe un coup avec un objet tenu dans la main, la prédominance d'énergie des muscles internes du bras et des pectoraux sur les muscles externes, est cause que le coup est presque toujours dirigé de dehors en dedans, et non verticalement.

De plus, dans un travail comme celui de la taille des silex, principalement quand ils sont retouchés avec art et délicatesse, la main a besoin d'être dirigée par la vue; le coup devait donc avoir une direction très oblique, se rapprochant de l'horizontale. La partie percutante se trouve donc toujours en bas et sensiblement en dedans.

Ces deux caractères permettent de placer le percuteur dans sa p osition d'usage

Étant admis que la partie percutante est placée en bas et en dedans, on pourra objecter que cette position peut se présenter aussi bien à gauche qu'à droite. En effet; mais alors intervient la forme générale de l'outil, qui nous fournit un renseignement décisif.

Lorsqu'on le place alternativement dans les deux mains, et dans la position que nous venons d'indiquer, on observe qu'il y a presque toujours une position commode, et une autre incommode.

La position commode correspond toujours à la position vraie du percuteur, car c'est un outil de force, qui blesserait la main pendant le choc s'il y avait du côté de la paume de la main des arêtes vives ou des aspérités.

On peut donc établir assez facilement, pour les percuteurs, quelle était la main dont l'ouvrier se servait, en se référant aux caractères que je viens d'indiquer, à savoir : la position de la surface percutante dirigée de haut en bas et en dedans, de façon que l'œil puisse contrôler le travail et la direction des craquelures de bas en haut et en dehors, obliquement, ces deux caractères corroborés par la forme générale de l'outil et des retouches, s'il en existe.

Ayant examiné un bon nombre de percuteurs à ce point de vue, je n'en ai trouvé que fort peu qui aient pu être employés de la main gauche. Presque toujours, même quand il s'agit de rognons de silex irréguliers, ils portent des retouches d'adaptation, fort bien disposées pour la main droite. En voici deux ou trois exemples.

J'engage donc nos collègues à poursuivre leurs investigations dans cette direction.

Si l'on parvient à établir que l'usage de la main droite était déjà habituel à l'époque préhistorique, on s'expliquerait alors très bien le développement anormal d'un seul côté du cerveau de l'organe de la parole articulée. Il aurait été provoqué par l'emploi constant de la main droite pendant une très longue suite de siècles.

Ce qui doit nous faire penser que la fonction du pli sourcilier gauche est acquise, et non primitive, c'est que nous voyons de nos jours que, sous l'influence d'une éducation spéciale, elle peut se trouver transportée à droite chez les gauchers. Elle n'a donc pas toujours été fixée à gauche et ne doit sa position actuelle qu'à un usage prolongé.

Il serait curieux de savoir combien il a fallu de temps pour transporter ainsi une fonction d'un côté à l'autre du cerveau ; mais, à cause de l'obscurité qui règne sur la durée des temps préhistoriques, le problème paraît difficile à résoudre dans l'état actuel de la science.

M. Cartailhac fait observer que les instruments en silex ne sont pas exclusivement disposés pour la main droite.

M. le Dr Jousset de Bellesme répond qu'il n'a pas eu l'intention de dire que l'homme préhistorique ne se servait que de la main droite. Il pense qu'il y avait une tendance plus générale à employer cette main.

M. Féaux fait remarquer que la série des burins du Musée de Périgueux lui semble se composer d'outils mieux adaptés pour la *main gauche* que pour la droite.

M. Vannier, professeur de dessin au Lycée, objecte que, lorsqu'il s'agit de tracer sur un corps résistant un trait demandant de la force, comme dans l'action de graver avec un burin, le sens du mouvement du burin et de la main qui le conduit, ne peut avoir lieu que de dedans en dehors. Il est donc, d'après lui, très difficile d'utiliser un burin de la main gauche, à moins que l'on ne commence à dessiner l'animal par la queue : ce qui est très anormal.

Beaucoup de gravures inachevées se rencontrent dans les grottes et ne représentent que la tête : ce qui semble indiquer que l'homme des cavernes ne procédait pas autrement que nous pour graver.

M. A. de Mortillet ajoute que cette intéressante question pourrait être éclaircie par la statistique, que peut-être il y a des époques où l'homme préhistorique était *droitier*, et d'autres où l'usage de la main *gauche* a prédominé.

M. le Dr Marignan pense que la *gaucherie* est un phénomène d'atavisme pur.

M. Coutil présente quelques réflexions sur ce point.

M. le Dr Marcel Baudouin. — La question de la *gaucherie* et de la *droiterie*, et par suite de l'*ambidextrie*, est extrêmement intéressante, mais des plus complexes ; et une telle étude doit avoir pour bases, non seulement la *Préhistoire*, mais aussi et surtout la *Zoologie* et l'*Anatomie comparée*, de même que l'*Embryologie*, sans parler de la *Physiologie*. Comme j'ai eu l'occasion de m'occuper de ces questions, étant moi-même *gaucher congénital* et *droitier acquis*, et de publier divers mémoires sur l'*écriture en miroir* et l'*écriture de la main gauche*, je vous demande la permission de formuler quelques remarques à ce sujet.

J'insiste sur cette réflexion qu'avant d'étudier la *droiterie* au point de vue physiologique, il est indispensable de bien connaître cette question au point de vue *anatomique*, seule base solide en la matière. Or, cette base doit être envisagée non pas d'abord chez l'homme préhistorique, mais chez les *animaux* : ce qui n'est pas aisé d'ailleurs pour les animaux supérieurs, à *membres égaux* (pour prendre un exemple), mais est plus facile par contre chez les espèces inférieures, qui présentent des inégalités anatomiques dans certains appendices symétriques. Au problème de la droiterie proprement dite, en effet, doit être rattachée la question du développement exagéré de certains organes bilatéraux.

C'est ainsi qu'un mâle de Crabe, le *Gelasimus Tangeri*, comme certains autres Crustacés, a une de ses premières pattes beaucoup plus volumineuse que les autres. Or cette patte est tantôt *la droite*, tantôt *la gauche*. Il y a donc de ces Crabes qui sont *droitiers*, tandis que les autres sont *gauchers* ! Comme il paraît y avoir autant de *gauchers* que de *droitiers* (1), on voit que cet animal n'a pas de préférence *cérébrale*, n'a pas d'opinion personnelle (si l'on peut ainsi parler), et que par suite ce fait plaide en faveur de l'*acquisition réfléchie* par l'homme de la *droiterie*.

Quand l'homme est nettement *gaucher*, ce n'est donc pas forcément un retour à un état ancien, car, au début, comme le crabe, l'homme n'a pu être qu'*ambidextre*. C'est un fait, à mon sens, *pathologique*, et non pas un simple retour à un état atavique, car l'état de l'*homme gaucher* est loin d'être prouvé. La *gaucherie vraie* est par suite une *maladie*, une sorte de phénomène de *dégénérescence* nerveuse du cerveau gauche. L'*ambidextrie*, au contraire, peut n'être qu'un *état réversif*. Le difficile est de distinguer ces deux manifestations l'une de l'autre. Mais je n'insiste pas : cela m'entraînerait trop loin ; et vraiment nous sortirions trop, en continuant cette discussion, de notre domaine spécial.

(1) Marcel BAUDOUIN. — *Le Gelasimus Tangeri*, etc. — *Ann. des Sc. nat.* (Zool.), Paris, 1906. — Tiré à part, in-8°, 1906, Masson et Cie.

Le Mans. — Imprimerie Monnoyer. — 1906.